CAUSERIES
SUR LE
TRANSFORMISME

IV

Sélection artificielle et Transformisme expérimental.

La Nature fournit les variations successives, l'Homme les accumule dans certaines directions qui lui sont utiles.

(CHARLES DARWIN).

L'expérimentation, grâce à sa puissance créatrice, réalise tout ce qui est possible ; elle ouvre ainsi une carrière sans limite.

(CAMILLE DARESTE).

Conférence faite à la Société d'Etude des Sciences naturelles d'Elbeuf (séance du 5 mai 1886)

PAR

Henri GADEAU DE KERVILLE

Membre de cette Société.

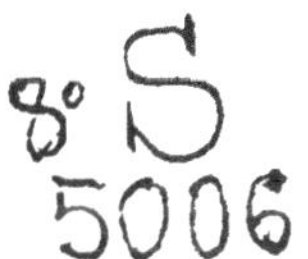

ELBEUF
IMPRIMERIE ALLAIN ET LECLER
3, rue Saint-Jacques, 3
—
1886

CAUSERIES
SUR
LE TRANSFORMISME

IV

Sélection artificielle et Transformisme expérimental.

Conférence faite à la Société d'Etude des Sciences naturelles d'Elbeuf (séance du 5 mai 1886)

PAR

HENRI GADEAU DE KERVILLE
Membre de cette Société.

MESSIEURS,

Nous avons déjà vu, à plusieurs reprises, que toutes les espèces animales et végétales, qui ont vécu ou qui vivent actuellement sur notre globe, ne sont pas fixes, ne sont pas immuables dans leur forme et dans leur structure, comme l'ont cru jusqu'à ce jour presque tous les naturalistes, et comme le soutiennent encore aujourd'hui ceux qui préfèrent l'école des vieux dogmes à celle de la réalité. Ces espèces, au contraire, sont essentiellement variables et susceptibles d'en produire de nouvelles, d'où résulte cette incessante transformation de la matière vivante, analogue aux perpétuelles modifications de la matière inerte, de la matière minérale, modifications que l'on observe dans l'univers tout entier, uniquement composé de matière et de mouvement, l'un et l'autre éternels.

Dans ma troisième Causerie, j'ai eu l'honneur de vous indiquer les causes de l'évolution des êtres vivants. Sans nul doute, un certain nombre de ces causes nous échappent encore, et il appartient aux savants futurs de les découvrir ; mais celles que nous connaissons aujourd'hui suffisent amplement pour nous faire bien comprendre le mécanisme de cette évolution. A part quelques cas isolés, l'Homme ne peut, il est vrai, observer lui-même la transformation des espèces, par la simple raison qu'il faut des temps énormes ou des changements importants dans les conditions d'existence de la plante ou de l'animal, pour qu'une variation se produise d'une manière appréciable. De plus, il convient de rappeler que le monde végétal et le monde animal avaient atteint un degré de complexité et de perfection sensiblement égal à celui qu'ils ont aujourd'hui, avant que le type Homme se fût dégagé de ses ancêtres anthropoïdes, c'est-à-dire d'animaux plus ou moins voisins des Singes de l'époque actuelle.

Si nous n'apprécions que très-difficilement les variations se produisant chez les végétaux et les animaux à l'état sauvage ; par contre, nous pouvons observer aisément la variation de l'espèce chez les plantes cultivées et les animaux domestiques, variations déterminées sous l'action consciente et réfléchie de l'Homme, par la culture et la domestication. Ce sont de ces variations, si nombreuses et si faciles à constater, dont je vais vous parler aujourd'hui.

Le Transformisme, Messieurs, ne prétend pas qu'il faut croire à sa doctrine comme à un article de foi, d'une manière aveugle et sans discussion aucune ; il ne bannit pas l'intelligence et la raison comme des moyens d'examen indiscrets et dangereux ; mais, au contraire, il indique tous les faits connus, il conseille de les observer avec la plus rigoureuse exactitude et d'en déduire les conséquences logiques, sans parti pris, sous la seule préoccupation de rechercher la vérité, et il dit à chacun de se faire lui-même une opinion, basée sur la raison, sur l'observation et sur l'expérience.

De tout temps, l'Homme a cherché le côté pratique des choses, et s'il a cultivé avec tant de soin cette multitude de végétaux si divers, s'il a domestiqué un grand nombre d'animaux, c'est uniquement parce qu'ils lui étaient utiles pour ses besoins matériels ou pour son plaisir. Quoiqu'il en soit, il a donné, à son insu, une puissante confirmation à la doctrine transformiste, en modifiant et en améliorant une grande quantité de plantes et d'animaux, grâce à un choix conscient et raisonné, grâce à une sélection, parfois des plus méthodiques, à laquelle on a donné le nom de *sélection artificielle*.

D'autre part, quelques naturalistes ont fait depuis plusieurs années, au point de vue spécial de la doctrine transformiste, diverses expériences sur la variation des êtres vivants. Malheureusement, le nombre de ces expériences est encore très-limité ; mais la méthode expérimentale est d'introduction toute récente dans les sciences naturelles, et, d'après les admirables résultats qu'elle a déjà obtenus, nous pouvons dire, sans crainte d'exagération, que l'avenir des sciences lui appartient.

Je suis donc amené à diviser cette Causerie, exclusivement consacrée à l'étude de la variation des plantes et des animaux en dehors des causes naturelles, sous l'action de l'Homme, en deux parties assez distinctes : la première ayant trait à la science appliquée, c'est-à-dire à la *sélection artificielle*, et la seconde aux recherches de science pure, faites d'après les idées transformistes, recherches que l'on peut désigner sous le nom de *Transformisme expérimental*.

I. — Sélection artificielle.

La Sélection artificielle est la sélection faite par l'Homme, soit chez les plantes cultivées et les animaux domestiques, en vue d'améliorer et de propager certaines particularités physiques ou morales qui lui sont utiles, soit sur sa propre espèce, c'est-à-dire dans les sociétés humaines.

Dans le premier cas, la sélection artificielle peut

avoir lieu de deux façons différentes et être *méthodique* ou *non-méthodique.*

Dans le second, elle peut se diviser également en plusieurs genres, mais je n'examinerai ici que les deux principaux : la *sélection militaire*, et une sélection progressiste à laquelle je donne le nom général de *sélection humaine.*

Ainsi, nous aurons à étudier successivement les quatre modes suivants de sélection artificielle, désignés sous les noms de sélections méthodique, non-méthodique, militaire, et humaine.

Je n'ignore pas, Messieurs, que ces classifications, ces divisions répétées, cet ordre rigoureux que j'apporte dans l'exposé des différents points de la doctrine transformiste, nuisent beaucoup à l'attrait de la lecture. Mais je ne fais pas ici œuvre de littérateur ; je tiens, avant tout, à être aussi exact et aussi clair que possible, m'efforçant d'éviter toute opinion préconçue, et cherchant, avec franchise et sincérité, dans un style complètement dépourvu d'élégance, à vulgariser le Transformisme, qui, j'en ai la conviction profonde, est destiné à régénérer entièrement les sciences et la philosophie.

Avant d'aborder l'étude des différents genres de sélection artificielle dont je viens de parler, il est de toute nécessité que nous passions en revue, d'une manière forcément très-superficielle, les plantes cultivées et les animaux domestiques, chez lesquels on trouve des preuves irrécusables de la variabilité, parfois considérable, de l'espèce végétale et animale. Pour ne point dépasser le cadre très-limité de cette Causerie, je ne vous citerai que peu d'exemples de ces variations, renvoyant les lecteurs désireux d'approfondir ce sujet capital aux nombreux ouvrages de science pure et appliquée qui traitent ces questions avec les développements nécessaires. Comme exemples les plus intéressants, j'ai choisi, parmi les plantes cultivées : les Végétaux d'ornement (Jacinthes, Tulipes, Azalées, Reines-Marguerites, Dahlias, et Rosiers), les Potirons, Courges et Melons, les Poiriers, les Pêchers, et les Pommes de terre ; et, parmi les animaux domestiques : les Vers à soie, les Cyprins dorés, les Serins, les Canards, les Pigeons, les Lapins, les Porcs, les Chevaux, et les Chiens (1).

Entrons maintenant dans les détails, arides sans doute, mais indispensables à mon sujet.

VÉGÉTAUX D'ORNEMENT

Il n'est personne parmi vous, Messieurs, qui n'ait admiré à maintes reprises, dans les jardins et les expositions, les merveilleux résultats qu'ont obtenus

---

(1) J'ai conservé ici l'ordre que Charles Darwin a suivi dans son grand ouvrage sur la *Variation des animaux et des plantes à l'état domestique*, ouvrage dans lequel j'ai puisé la *presque totalité* des renseignements relatifs à la sélection artificielle exercée par l'Homme sur les animaux domestiques et les plantes cultivées. Cette énumération est faite dans un ordre inverse de celui adopté dans l'ouvrage en question, afin de pouvoir passer directement des animaux supérieurs à l'Homme.

les horticulteurs en cultivant, avec un soin et une intelligence dignes de grands éloges, les végétaux d'ornement dont le nombre est considérable aujourd'hui. Si nos ancêtres pouvaient revenir, ils ne reconnaîtraient certainement pas leurs fleurs primitives d'où sont nées, par des cultures attentives et ininterrompues, ces races et ces variétés, si nombreuses et parfois si bizarres, qui affectent, non-seulement la coloration et la structure des fleurs et des feuilles, mais encore les autres organes de la plante, sa taille, ses habitudes et son organisation. Comme exemples de ces modifications déterminées par l'Homme, nous pouvons indiquer la coloration, diversifiée pour ainsi dire à l'infini, que l'on est parvenu à obtenir chez des plantes dont les fleurs possédaient à l'origine une coloration unique; la production de fleurs semi-doubles, doubles, et anomales ; la forme des pétales de certaines variétés, qui, au lieu d'être entiers, sont admirablement frangés, comme on le voit chez divers Pétunias et Pavots ; la couleur pourpre des feuilles, déterminée chez différents arbres, tels que le Hêtre, l'Orme, le Noisetier ; la panachure des feuilles, existant aujourd'hui chez de nombreux végétaux ; l'absence totale d'épines aux rameaux et aux feuilles, variétés que les horticulteurs ont produites chez différents végétaux ; la direction particulière des rameaux, que l'on observe chez les variétés dites pendantes ou pleureuses, entre autres chez le Chêne, le Frêne, l'If ; etc., etc.

Pour donner une idée, même imparfaite, des changements considérables que les horticulteurs ont déterminés chez les végétaux cultivés, il faudrait y consacrer de nombreux volumes. En raison même de la brièveté de cette Causerie, je ne puis, Messieurs, vous indiquer qu'un très-petit nombre d'exemples de ces changements, et, de plus, ne parler de chacun d'eux que d'une façon tout à fait superficielle. En voici quelques-uns, choisis parmi les plus connus.

JACINTHES

La Jacinthe cultivée, le *Hyacinthus orientalis*, L. des botanistes, est originaire du Levant comme l'indique son nom spécifique, et fut introduite en Angleterre dans l'année 1596. D'après Paul de Waltham, spécialiste distingué auquel on doit un excellent travail sur cette plante (1), les pétales de la fleur primitive étaient étroits, pointus, ridés et d'une consistance molle. Actuellement, ils sont larges, arrondis, lisses et résistants. Gerarde, en 1597, citait quatre variétés de Jacinthes, et Parkinson, en 1629, en comptait huit. Cent trente neuf ans plus tard un ouvrage (2), publié à Amsterdam, signalait près de deux mille variétés de Jacinthes connues alors, mais, en 1864, Paul de Waltham n'en a trouvé que sept cents dans le plus grand jardin

(1). Paul de Waltham. — *Gardener's Chronicle*, 1864, p. 342.

(2). *Des Jacinthes, de leur anatomie, reproduction et culture*, Amsterdam, 1768.

d'Harlem, ce qui ferait croire, qu'il y a un siècle, les variétés de Jacinthes étaient encore plus nombreuses qu'elles ne le sont aujourd'hui.

Non-seulement les Jacinthes présentent des variations d'une très-grande diversité, relativement à la longueur, la largeur et la position de la hampe, à la grandeur des fleurs, et à l'extrême variabilité des couleurs, mais il existe, en outre, des variétés singulières qui se sont produites et développées sous l'action de la culture. Ainsi, la Jacinthe possède habituellement six feuilles ; cependant, on connaît une variété qui, presque toujours, en a trois seulement. Chez une autre variété, le nombre des feuilles n'excède jamais cinq ; d'autres en portent sept ou huit. Une variété spéciale, la Coryphée, produit invariablement deux hampes, réunies ensemble et enveloppées dans la même gaîne ; etc.

En résumé, les Jacinthes nous démontrent d'une manière évidente, comme le font d'ailleurs tous les végétaux cultivés, que les plantes sauvages, c'est-à-dire les formes primitives, ne sont pas fixes, mais, au contraire, qu'elles sont susceptibles de se modifier et de varier dans des limites parfois très-larges ; produisant ainsi des types entièrement nouveaux, sous l'action de causes naturelles ou d'une culture intelligente et raisonnée.

TULIPES

La Tulipe des fleuristes (*Tulipa Gesneriana*, L.), dédiée à l'illustre naturaliste suisse, Conrad Gesner, qui la fit connaître pour la première fois en 1559, est originaire du Levant, comme la forme originelle de nos Jacinthes cultivées. Cette plante, célèbre par la passion, quelquefois extravagante, avec laquelle on la cultive en Hollande et en Belgique, depuis près de trois siècles, a produit une innombrable quantité de variétés dont les horticulteurs reconnaissent aujourd'hui plus de huit cents variétés d'élite. Je l'ai indiquée ici pour montrer les variations considérables que la culture peut déterminer chez une même plante, dans la forme, la grandeur et la coloration de ses fleurs.

AZALÉES

Un autre exemple intéressant de la grande modification des couleurs, chez les végétaux d'ornement, nous est fourni par les Azalées, charmants arbrisseaux dont chacun de nous a pu admirer les multiples variétés dans les serres des amateurs et dans les expositions horticoles. Cependant, presque toutes ces variétés, si différentes les unes des autres, proviennent d'une même espèce : l'*Azalea indica*, L.

REINES-MARGUERITES

La Reine-Marguerite ou Aster de la Chine présente actuellement de nombreuses variétés qui dérivent toutes d'une seule espèce, le *Callistephus hortensis*, Cass. (*Aster sinensis*, L.). Ces variétés peuvent être réparties en quatre races principales : la Naine hâtive, la Double, la Reine-Marguerite anémone ou à tuyaux, et la Pyramidale, races très-nettement distinctes, mais qui se subdivisent en un grand nombre de sous-races et de variétés intermédiaires, se rattachant l'une à l'autre par d'insensibles gradations. La coloration de leurs fleurs, d'une richesse et d'une diversité des plus grandes, présente presque toutes les nuances, excepté toutefois la couleur jaune.

DAHLIAS

L'introduction du Dahlia, en France et en Angleterre, ne remonte qu'aux premières années de ce siècle. A l'origine, il fut recommandé pour ses racines comestibles, auxquelles on a trouvé une saveur poivrée et aromatique qui les a fait repousser jusqu'à présent par l'Homme et les animaux.

Dans le type primitif, originaire du Mexique, les fleurs sont toujours simples, à disque jaune, et à rayons d'un rouge écarlate, sombre et velouté, mais les semis ont produit de nombreuses variétés de taille et de couleur. D'abord, grâce à une sélection rigoureusement pratiquée, la forme et les nuances des fleurs se sont modifiées peu à peu ; puis on a obtenu des fleurs doubles, et des fleurs dont les pétales étaient roulés en cornet ou en tuyau, d'une façon très-régulière, formant ainsi une rosace d'une symétrie parfaite. Aujourd'hui, c'est par centaines que se comptent les variétés dans la taille, la vigueur, l'époque de la floraison, la forme et la coloration des fleurs, etc., variétés qui ont été produites par la culture en moins de quatre-vingt-dix ans.

Nous pouvons ajouter qu'il se trouve dans les nombreux semis faits chaque année, des individus surpassant encore les variétés connues en vigueur et en beauté. La culture du Dahlia fait donc sans cesse de nouveaux progrès, malgré le haut degré de perfection que lui ont donné les horticulteurs.

ROSIERS.

La Reine des fleurs, la Rose, a été cultivée depuis une haute antiquité, et déjà, dans la Bible, elle est citée comme le modèle de la grâce et de la beauté. Actuellement, le nombre de ses variétés est considérable ; différents recueils sont exclusivement consacrés à la description de ses variétés et à sa culture ; et, chaque année, les horticulteurs obtiennent de nouvelles formes qui dépassent encore les précédentes par la richesse de coloris de leurs fleurs, par leurs dimensions, ou par la suavité de leur parfum. Bien que toutes nos variétés de Roses cultivées proviennent, non pas d'une seule, mais d'un petit nombre d'espèces sauvages, cet admirable végétal nous fournit cependant un puissant argument en faveur de la mutabilité du type spécifique. D'ailleurs, l'histoire de certaines variétés montre combien est grande et rapide l'action de la culture. Je citerai à ce sujet l'exemple suivant :

Quelques Rosiers sauvages d'Ecosse (*Rosa spinosissima*, L.) dit Charles Darwin (1), furent, en

(1) Charles Darwin. — *De la Variation des animaux et des plantes à l'état domestique*, traduit sur la seconde édition anglaise par Ed. Barbier, Paris, C. Reinwald, 2 vol., 1879 et 1880, t. I, p. 404.

1793, transplantés dans un jardin. L'un d'eux portait des fleurs faiblement teintées de rouge qui donnèrent, par semis, une plante à fleurs demi-monstrueuses, teintées aussi en rouge. Les produits de leur graine furent demi-doubles, et, grâce à une sélection continue, au bout d'une dizaine d'années, cette plante avait donné naissance à huit sous-variétés. En moins de vingt ans, ces Roses doubles d'Ecosse s'étaient tellement modifiées et avaient augmenté en nombre dans de telles proportions, que Sabine a pu en décrire vingt-six variétés bien tranchées, groupées dans huit sections. Enfin, en 1841, on pouvait s'en procurer, dans les pépinières près de Glasgow, trois cents variétés, rouges, écarlates, pourpres, marbrées, bicolores, blanches et jaunes, différant beaucoup entre elles par les dimensions et la forme des fleurs.

Le Rosier est un arbuste essentiellement polymorphe, qui varie également à l'état sauvage d'une manière surprenante. Aussi, les partisans à outrance de l'école analytique, trouvant pour ainsi dire sur chaque échantillon une particularité quelconque, ont-ils créé des noms spécifiques de Rosiers sauvages, non pas par centaines, mais par milliers, rendant la botanique, par leur déplorable système, une science composée uniquement de noms latins, inabordable et fastidieuse.

Les botanistes qui se servent, pour établir une espèce nouvelle, de caractères essentiellement variables, subissant plus ou moins profondément l'action modificatrice du milieu ambiant, doivent forcément tomber dans de fréquentes erreurs. On a vu, en effet, certains d'entre eux désigner sous des noms d'espèces différentes les rameaux d'un même buisson, coupés par un Collègue sceptique qui, voulant s'assurer de la valeur et de l'exactitude de leur méthode, leur envoyait ces rameaux comme étant recueillis dans des localités différentes.

Je crois, Messieurs, que l'exagération de l'école analytique, dont les adeptes créent des espèces nouvelles en nombre illimité, dans certains genres de plantes bien connues pour varier facilement sous l'action de causes naturelles ou de la culture, est une preuve évidente de la variabilité de l'espèce. Dans cette occasion, les anti-transformistes, en décrivant sans cesse de nouvelles formes spécifiques, ne se sont pas doutés qu'ils fournissaient d'excellents arguments contre la théorie de l'immutabilité des espèces, théorie qu'ils cherchaient à établir, mais qui s'écroule chaque jour sous les coups répétés de l'observation et de l'expérience.

POTIRONS, COURGES ET MELONS.

Les Potirons, les Courges et les Melons, qui appartiennent à la famille des Cucurbitacées, ont fait pendant longtemps le désespoir des botanistes classificateurs, par suite de l'extrême variabilité de leurs formes. Heureusement, les recherches expérimentales d'un botaniste distingué, Charles Naudin, sont venues jeter une grande lumière sur les plantes de cette famille.

Aujourd'hui, on admet dans le genre *Cucurbita* proprement dit trois (1) espèces annuelles cultivées : le Potiron (*C. maxima*, Duchesne), la Citrouille (*C. pepo*, L. et *C. melopepo*, L.), et la Courge musquée ou melonnée (*C. moschata*, Duchesne). Ces trois espèces, dit Charles Darwin (2), sont très-voisines et ont le même aspect général, mais l'on peut toujours, d'après Naudin, distinguer leurs innombrables variétés par certains caractères presque fixes, et, ce qui est plus important, par leurs croisements qui ne produisent pas de graines ou en donnent de stériles, tandis que leurs variétés se croisent réciproquement et spontanément avec la plus grande facilité. Naudin fait remarquer que ces trois espèces, bien qu'elles aient considérablement varié dans beaucoup de leurs caractères, l'ont fait d'une manière si analogue qu'il est possible de ranger leurs variétés suivant des séries à peu près parallèles, comme le fait a lieu pour le Froment, les deux races principales de Pêches, etc. Quelques variétés ont des caractères variables, mais il en est d'autres qui, cultivées à part

(1) Alphonse de Candolle, dans son *Origine des plantes cultivées* (Paris, Germer Baillière et Cie, 1883, p. 205), en indique une quatrième espèce cultivée, la Courge à feuilles de Figuier (*Cucurbita ficifolia*, Bouché = *C. melanosperma*, Braun). Cette Courge, dont les graines sont noires ou quelquefois brunes, est vivace, et a été introduite dans les jardins depuis une trentaine d'années environ.

(2) *Variation*, t. I, p. 393.

et maintenues dans des conditions d'existence uniformes, sont, suivant l'expression même de Naudin « douées d'une stabilité presque comparable à celle des espèces les mieux caractérisées ». Une d'elles, l'*Orangin*, a la propriété de transmettre ses caractères spéciaux avec une énergie telle que, lorsqu'on la croise avec d'autres variétés, la grande majorité des métis reproduisent son type.

Naudin, qui a groupé en sept classes les diverses formes de la Citrouille (*Cucurbita pepo*, L.), chacune de ces formes comprenant des variétés leur étant subordonnées, regarde cette plante comme une des plus variables qui soient au monde. Les fruits de certaines variétés sont deux mille fois plus gros que ceux d'une autre. Les variations dans la forme des fruits ne sont pas moins étonnantes. La forme typique est ovoïde, mais elle peut s'allonger en cylindre ou s'aplatir en disque. L'aspect de la surface et la couleur de ces fruits varient à l'infini, ainsi que la dureté de l'épiderme, la fermeté et le goût de la pulpe. Les pepins diffèrent un peu par leur forme et beaucoup par leur grosseur ; ils varient en longueur de six à plus de vingt-cinq millimètres ; etc.

Des faits analogues de variation ont été observés chez le Melon (*Cucumis melo*, L.) qui, d'après les observations et les expériences de Naudin, faites sur environ deux mille individus vivants, constitue une véritable espèce, laquelle comprend un nombre extraordinaire de races et de variétés. Ces races et ces variétés, que certains botanistes avaient réparti en une trentaine d'espèces distinctes, ont été divisées par Naudin en dix classes, comprenant d'innombrables sous-variétés qui s'entre-croisent toutes avec la plus grande facilité. Quelques-unes de ces variations possèdent des particularités extrêmement remarquables. Ainsi, Naudin nous apprend qu'il existe une race de Melons dont le fruit ressemble d'une manière si complète à celui du Concombre, à l'extérieur et à l'intérieur, qu'il est presque impossible de les distinguer autrement que par les feuilles. Chez une variété, le fruit n'a guère que vingt-cinq millimètres de diamètre, mais il atteint parfois plus d'un mètre de longueur et est tordu comme un Serpent ; etc., etc.

Ajoutons, en terminant, que le fruit des Potirons, des Courges et des Melons étant la seule partie importante de la plante, au point de vue pratique, devait être celle qui devait subir les plus grandes modifications, sous l'action d'une culture raisonnée, ce qui a eu lieu en effet.

POIRIERS

Les variétés de Poiriers cultivés sont extrêmement nombreuses aujourd'hui. En 1877, les catalogues des pépiniéristes contenaient plus de trois mille noms de Poires, et, depuis cette époque, beaucoup de formes nouvelles sont venues s'ajouter à cette liste imposante. Cependant, ces races et ces variétés de Poires, quelquefois très-distinctes les unes des autres par la forme, la grosseur, la couleur de l'épiderme, le goût de la pulpe, l'époque de la maturité, etc., proviennent sans exception d'une seule espèce, le Poirier commun (*Pyrus communis*, L.), qui se trouve,à l'état sauvage,dans toute l'Europe tempérée et dans l'Asie occidentale, notamment en Anatolie, au midi du Caucase et dans la Perse septentrionale.

La démonstration de l'unité spécifique de toutes les races et variétés de Poiriers cultivés a été faite par un illustre botaniste, Joseph Decaisne, qui a été amené à cette conclusion par la gradation parfaite existant entre les caractères extrêmes des formes les plus éloignées, gradation si complète qu'il considère comme impossible d'adopter une méthode naturelle pour classer les races et les variétés (1).

Par des semis provenant de quatre formes reconnues pour bien distinctes l'une de l'autre, Decaisne a obtenu un grand nombre de variétés de Poiriers. Ce n'est pas seulement, dit-il dans son travail, par les fruits que les arbres issus d'une même variété différaient entre eux, c'est aussi par leur précocité, par leur port et par la forme des feuilles. Autant d'arbres, autant d'aspects différents : les uns étaient

(1) Decaisne. — *De la variabilité dans l'espèce du Poirier ; résultat d'expériences faites au Muséum d'Histoire naturelle, de 1853 à 1862 inclusivement*, in *Compt. rend. hebdomad. des séanc. de l'Acad. des Sciences*, t. LVII (séance du 6 juillet 1863), p. 6.

épineux, les autres sans épines ; ceux-ci avaient un bois grêle, ceux-là possédaient un bois trapu et gros. Sur quelques sujets de Poirier d'Angleterre, la variation a été jusqu'à produire, la première année du semis, des feuilles lobées, semblables à celles de l'Aubépine. Rien n'aurait donc été plus facile, ajoute-t-il, que de faire de ces jeunes arbres presque autant d'espèces nouvelles.

Decaisne a donc démontré par l'expérience, c'est-à-dire d'une manière irréfutable, la variabilité extraordinaire du Poirier, en établissant, de plus, l'unité d'origine de toutes nos Poires cultivées.

PÊCHERS

D'après les botanistes les plus compétents, le Pêcher ordinaire (*Amygdalus persica*, L.) est d'origine chinoise. Au commencement de l'ère chrétienne, il n'existait tout au plus que cinq variétés de cet arbre, et la pêche lisse, désignée communément sous le nom de *Brugnon*, était alors inconnue. Aujourd'hui, les variétés du Pêcher sont très-nombreuses et diffèrent l'une de l'autre par la forme et la couleur des pétales des fleurs, la forme et la grosseur des fruits, l'épiderme velu ou glabre, l'adhérence ou la non-adhérence du noyau à la pulpe, la forme et les dimensions du noyau, le goût de la pulpe, l'époque de la maturité des fruits, la présence ou l'absence de glandes aux feuilles, etc. Ces variétés, qui ont été produites en moins de dix-huit siècles sous l'action de la culture, nous offrent donc un excellent témoignage des modifications parfois fort distinctes, comme la Pêche et le Brugnon, que peuvent opérer la sélection artificielle, le métissage, et l'action du milieu ambiant, sur une seule espèce végétale.

POMMES DE TERRE

Avant de laisser les plantes cultivées, permettez-moi, Messieurs, de vous citer un dernier exemple de variabilité, celui de la Pomme de terre (*Solanum tuberosum*, L.). Personne n'ignore que cette plante est originaire de l'Amérique du Sud et que son introduction en Europe remonte aux vingt dernières années du seizième siècle (1). Depuis cette époque, la Pomme de terre a été cultivée avec grand soin sur le continent européen et a donné naissance aux nombreuses variétés, connues de tout le monde, variétés qui montrent les modifications surprenantes que l'Homme a pu faire subir, en moins de trois siècles, à ce précieux tubercule.

VERS A SOIE

Les Vers à soie sont les seuls de tous les Insectes qui ont subi une véritable domestication, car les

---

(1) Alphonse de Candolle, dont la haute compétence en ces matières est universellement connue, dit que la Pomme de terre a été importée en Europe, de 1580 à 1585, d'abord par les Espagnols, et ensuite par les Anglais, lors des voyages de Walter Raleigh en Virginie. (*Op. cit.*, p. 42).

Abeilles, qui cherchent elles-mêmes leur nourriture et sur lesquelles l'Homme n'exerce qu'un rôle de protection, ne peuvent être considérées, à proprement parler, comme de véritables animaux domestiques, et les autres Insectes utiles, tels que la Cantharide officinale, les Cynipides producteurs de noix de galle, les Cochenilles, etc, ne vivent qu'à l'état de nature.

Importé à Constantinople au VIe siècle, d'où il a été répandu peu à peu dans toute l'Europe méridionale, le Ver à soie du murier, dont la domestication en Chine remonte jusqu'à 2700 ans environ av. J.-C., a éprouvé de notables modifications dues à l'action des différents climats auxquels on l'a soumis, à des croisements, et surtout à la sélection artificielle. Les éleveurs ont obtenu des races très-distinctes et de nombreuses variétés de cet Insecte, différant entre elles par la couleur, la taille et la forme des œufs ; par les dimensions des Vers et leur coloration, presque toujours blanchâtre, parfois marbrée de noir ou de gris, et accidentellement noire, variations de couleur quelquefois héréditaires ; par la grosseur et la forme des cocons ; par la couleur et la qualité de la soie;etc. L'animal adulte a subi lui-même de profondes altérations dans son organisation, notamment dans les organes du vol qui sont atrophiés et incapables de lui servir utilement, et dans ses instincts, également atrophiés par la domestication.

Les Vers à soie nous offrent donc une preuve

excellente de la variabilité des animaux sous l'influence d'une domestication prolongée, et nous apprennent, en outre, que des variations peuvent se produire aux différentes phases du développement d'un animal et se transmettre héréditairement aux phases correspondantes.

Ajoutons que les Bombyx séricigènes, comme les Bombyx du Chêne, de l'Ailante, du Ricin, etc., élevés avec beaucoup de soin en Europe depuis une trentaine d'années, ont déjà éprouvé, pendant ce court espace de temps, des altérations facilement appréciables.

CYPRINS DORÉS

Le Cyprin doré (*Carassius auratus*, L.), connu vulgairement sous le nom de Poisson rouge, a été introduit en Europe il y a environ deux ou trois siècles, et en France seulement au siècle dernier, mais l'on croit que son élevage en captivité est pratiqué dans la Chine depuis une époque très-reculée. La variabilité de ce Poisson est considérable et prouve combien les animaux sont aptes à se modifier, lorsqu'on les éloigne de leurs conditions normales d'existence, en les soumettant à la sélection artificielle pendant de nombreuses générations. Parmi ces variétés, je me bornerai à citer celles qui portent sur la forme et les dimensions du corps, sur la couleur, et sur l'organisation. Ainsi, le naturaliste anglais Yarrell a observé, sur environ deux douzaines de Poissons rouges, achetés à Londres, que chez les uns la nageoire dorsale occupait plus de la moitié de la longueur du dos, que chez d'autres cette nageoire était réduite à cinq ou six rayons seulement, enfin, que l'un de ces individus en était complètement dépourvu. Chez une variété, il existe une bosse dorsale située près de la tête ; chez une autre, le corps a une forme globuleuse, comme le Diodon, et se distingue, en outre, par d'autres particularités anatomiques des plus importantes ; etc., etc.

SERINS

L'introduction en Europe du Serin sauvage des Canaries, qui est d'une couleur générale vert-jaunâtre, a été faite par le normand Jean de Béthencourt, dans l'année 1406. Grâce à une sélection rigoureuse qui lui a été appliquée depuis longtemps déjà, cet Oiseau, aujourd'hui si répandu, a subi de grandes modifications portant sur la forme et la taille, la longueur des pattes, la couleur du plumage, la présence ou l'absence de huppe, etc., modifications qui nous fournissent une preuve indéniable de la prompte variabilité des animaux sous l'influence d'un élevage raisonné.

CANARDS

Les naturalistes sont presque unanimes à reconnaitre que nos différentes races de Canards domestiques proviennent, depuis l'ère chrétienne, du Canard sauvage commun (*Anas boschas*, L.). Il y a

4

environ dix-huit cents ans, dit Charles Darwin (1), Columelle et Varron insistaient sur l'obligation de tenir les Canards dans des enclos fermés, comme les autres Oiseaux sauvages, ce qui prouve qu'à cette époque ils n'étaient pas encore domestiqués. De plus, Columelle conseille aux personnes qui désirent augmenter le nombre de leurs Canards, de recueillir les œufs de l'espèce sauvage et de les confier à une Poule, preuve nouvelle que le Canard n'était point alors un hôte domestique de la basse-cour romaine. La sélection artificielle, jointe à l'action des conditions particulières d'existence et à des croisements, a donc déterminé chez le Canard, en moins de dix-huit siècles, des variétés nombreuses qui peuvent se grouper en quatre races nettement caractérisées : celles du Canard domestique ordinaire, du Canard à bec courbé, du Canard Chanterelle, et du Canard Pingouin. Néanmoins, nous devons reconnaître que le Canard domestique a relativement peu varié sous l'influence de la domestication ; mais nous allons étudier à présent un Oiseau, le Pigeon, dont les surprenantes variations fournissent une preuve de la plus haute importance en faveur de la variabilité, parfois considérable, des espèces animales.

PIGEONS

L'étude des Pigeons domestiques présente un très-grand intérêt au point de vue de la doctrine

(1) *Variation*, t. I, p. 303,

transformiste, car Charles Darwin a démontré, au moyen de nombreuses expériences, conduites avec la plus rigoureuse précision, que toutes nos races et toutes nos variétés de Pigeons domestiques provenaient d'une souche unique, bien connue, et vivant encore actuellement : le Biset sauvage, le *Columba livia*, Briss. des ornithologistes.

Vous savez tous, Messieurs, que les races et les variétés de Pigeons domestiques, nettement définies et reproduisant fidèlement leur type, sont très-nombreuses aujourd'hui. Déjà, en 1824, Boitard et Corbié, si compétents sur cette matière, en décrivaient cent vingt-deux, et on peut en compter à présent au moins cent cinquante qui sont bien fixées et qui ont reçu des noms particuliers. La plupart de ces races et de ces variétés ne se distinguent, il est vrai, que par des caractères peu importants, mais il y a des races qui diffèrent extrêmement entre elles par leur forme, leur taille, la couleur de leur plumage, et, ce qui est beaucoup plus important, par de nombreuses modifications dans leur organisation interne. Je citerai à ce sujet, comme exemples de races très-distinctes l'une de l'autre, les Pigeons mondains, romains, bagadais, turcs, polonais, boulants ou à grosse gorge, cavaliers, nonnains ou capucins, cravatés, volants, culbutants, trembleurs, à queue de Paon, hirondelles, tambours, etc.

Pour démontrer que toutes les races et variétés domestiques proviennent d'une souche unique, qui est le Biset sauvage, Charles Darwin a réuni une masse considérable d'observations et de preuves concluantes, et fait un très-grand nombre d'expériences personnelles. Il éleva chez lui la plupart des races et leurs métis, en prépara les squelettes, étudia les peaux de Pigeons de différentes parties du globe, recueillit de nombreuses observations auprès des éleveurs expérimentés, enfin, ne voulant négliger aucun moyen d'acquérir une connaissance approfondie des Pigeons domestiques, il se fit admettre dans deux clubs de Pigeons, à Londres, afin de profiter de l'expérience des amateurs les plus compétents. Dans cette étude, comme dans toutes les autres, Charles Darwin suivit une méthode expérimentale rigoureuse, observant les faits avec minutie, ne les annonçant qu'après les avoir maintes fois constatés, mentionnant tous ceux qui étaient en désaccord avec ses idées générales ; en un mot, agissant avec la plus grande impartialité, caractéristique du vrai savant. Aussi, est-il pénible d'entendre beaucoup de ses détracteurs persister à ne voir en lui qu'un théoricien ingénieux, acceptant sans contrôle les faits en accord avec sa théorie, et laissant de côté ceux qui pouvaient l'infirmer. Que certains adversaires du transformisme me permettent de leur rappeler, à ce propos, que l'injure et la calomnie ne seront jamais des arguments scientifiques.

Les résultats principaux des recherches, des

observations et des expériences de Charles Darwin peuvent se résumer dans les deux faits suivants :

1° Lorsqu'on fait reproduire deux Pigeons appartenant à une race ou à une variété pure, n'ayant aucune trace de bleu dans le plumage, on observe accidentellement l'apparition d'individus bleus, présentant des barres noires sur les ailes, ou les autres caractères spéciaux du Biset sauvage ;

2° Lorsqu'on croise deux Pigeons appartenant à des races ou à des variétés bien distinctes, qui ne présentent et n'ont présenté probablement, pendant de nombreuses générations, aucune trace de bleu dans le plumage, ni de barres noires sur les ailes, ni les autres caractères du Biset sauvage, les métis provenant de ces croisements ou les produits de ces métis sont fréquemment bleus, possèdent des barres noires sur les ailes, etc.; en d'autres termes, présentent les marques caractéristiques du Biset sauvage.

Or, nous avons vu, dans ma précédente Causerie, qu'il apparaissait accidentellement chez les animaux et les plantes, en vertu de l'atavisme, des caractères particuliers qui ne sont autres que des caractères ancestraux, ayant appartenu aux générations-souches de l'espèce animale ou végétale chez laquelle ils se produisaient. Comme conséquence logique de ces faits, bien connus des éleveurs, on ne saurait douter que toutes les races et variétés domestiques du Pigeon, dont les plus distinctes ont présenté des cas d'atavisme en question, proviennent d'un type unique pourvu de plumes bleues, de barres noires sur les ailes, etc., c'est-à-dire du Biset sauvage, qui est le seul de tous les Pigeons possédant ces caractères spéciaux. Nous pouvons donc, avec certitude, considérer le Biset sauvage comme l'ancêtre commun de tous nos Pigeons domestiques. — Cet exemple donne une nouvelle preuve de l'extrême importance des phénomènes d'atavisme dans la recherche de la généalogie d'une espèce animale ou végétale.

« Si l'on rejette l'opinion, dit Charles Darwin (1), que toutes les races de Pigeons soient les descendants modifiés du Biset sauvage (*Columba livia*, Briss.), pour admettre qu'elles descendent d'autant de souches primitives, il faut nécessairement choisir entre les trois hypothèses suivantes. Il faut admettre qu'il a autrefois existé au moins huit ou neuf espèces primitives diversement colorées, mais qui ont ultérieurement varié exactement de la même manière pour en arriver toutes à acquérir la couleur du Biset sauvage ; cette hypothèse n'explique en aucune façon l'apparition de ces couleurs et des marques qui les accompagnent chez les produits obtenus par le croisement des races. Ou, secondement, on pourrait supposer que toutes les espèces primitives étaient colorées en bleu et portaient les barres alaires, ainsi que toutes les marques caractéristiques du Biset sauvage, supposition improbable au dernier point, car, cette espèce exceptée, on ne trouve ces carac-

(1) *Variation*, t. I, p. 218.

tères réunis sur aucun membre existant du groupe des Colombidés ; en outre, il serait impossible de trouver aucun autre groupe d'espèces qui auraient un plumage identique, tout en différant aussi considérablement, par plusieurs points de leur conformation, que le font les Pigeons grosses-gorges, les Paons, les messagers, les culbutants, etc. Troisièmement, enfin, on pourrait supposer que toutes les races, qu'elles descendent du Biset sauvage ou de plusieurs espèces primitives, bien qu'elles eussent été élevées avec les plus grands soins et qu'elles fussent si hautement prisées par les éleveurs, auraient toutes, dans le cours d'une douzaine ou d'une vingtaine de générations, été croisées avec le Biset sauvage et auraient ainsi acquis cette tendance à produire des Oiseaux bleus avec les marques diverses qui caractérisent ce plumage. Je dis que ce croisement de chaque race avec le Biset sauvage aurait dû avoir lieu dans le cours d'une douzaine ou d'une vingtaine de générations au plus, parce qu'il n'y a aucune raison pour croire que les rejetons de croisements fassent jamais retour vers le type de l'un de leurs ancêtres après un plus grand nombre de générations. Chez une race qui n'a été croisée qu'une fois, la tendance au retour diminue naturellement dans les générations suivantes, à mesure que la proportion du sang de la race étrangère diminue ; mais, lorsqu'il n'y a pas eu de croisement avec une race distincte, et qu'il y a chez les deux parents une tendance au retour vers un caractère perdu depuis longtemps, cette tendance peut, d'après tout ce que nous sommes à même de constater, se transmettre intégralement pendant un nombre indéfini de générations. Ces deux cas distincts d'atavisme sont souvent confondus par les auteurs qui ont écrit sur l'hérédité.

« L'improbabilité des trois hypothèses que nous venons de discuter, et, d'autre part, la simplicité avec laquelle les faits s'expliquent par le principe du retour, nous autorisent à conclure que l'apparition occasionnelle chez toutes les races, surtout lorsqu'on les croise, de produits bleus, quelquefois tachetés, avec deux barres sur les ailes, le croupion blanc ou bleu, une barre à l'extrémité de la queue, et les rectrices externes bordées de blanc, fournit un argument d'un grand poids en faveur de l'opinion qu'elles descendent toutes du Biset sauvage, en comprenant sous cette dénomination trois ou quatre variétés ou sous-espèces sauvages.

« Nous pouvons citer, ajoute Charles Darwin (1), un dernier argument en faveur de la communauté d'origine de toutes nos races domestiques. Le Biset sauvage, en effet, est une espèce encore vivante, distribuée sur une immense aire géographique, qui peut être domestiquée et qui l'a été dans divers pays. Cette espèce, par la plupart des points de son organisation et par ses habitudes, aussi bien, dans cer-

(1) *Variation*, t. I, p. 221.

tains cas, que par tous les détails de son plumage, ressemble aux diverses races domestiques. Elle s'accouple facilement avec ces dernières et produit des descendants féconds. Elle varie à l'état de nature et plus encore à l'état semi-domestique, ce que prouve la comparaison des Pigeons de la Sierra-Leone avec ceux de l'Inde, ou avec les Pigeons marrons de l'île de Madère. Elle a subi des variations encore bien plus considérables dans le cas de nombreux Pigeons de fantaisie, que personne ne suppose être les descendants d'espèces distinctes, et dont plusieurs cependant transmettent invariablement leurs caractères depuis des siècles. Pourquoi donc hésiter à admettre les variations plus étendues nécessaires pour la formation des onze races principales ? Il importe, d'ailleurs, de faire remarquer que, chez deux des races les plus tranchées et les plus fortement caractérisées, les Messagers et les Culbutants courte-face, les formes les plus extrêmes de ces deux types se relient aux formes parentes par des gradations qui ne sont pas plus considérables que celles qu'on observe entre les Pigeons de colombier de différents pays, ou entre les diverses sortes de Pigeons de fantaisie, gradations qu'on peut attribuer uniquement à la variation ».

En résumé, les Pigeons domestiques nous offrent une preuve éclatante de la variabilité considérable de l'espèce, sous l'influence de la domestication, et je crois, Messieurs, qu'un tel exemple suffirait au besoin, si nous n'en avions pas tant d'autres, pour démontrer, d'une façon évidente, que les animaux ne sont pas immuables dans leur forme et dans leur organisation, comme le prétendent les adversaires du transformisme.

LAPINS

A l'exception de Paul Gervais et de quelques autres,les naturalistes s'accordent tous à reconnaître que les diverses races de Lapins domestiques proviennent de l'espèce sauvage commune, manière de voir qui a été pleinement confirmée par les recherches et les travaux de Charles Darwin. En admettant cette communauté d'origine, à peu près indiscutable aujourd'hui, nous devons considérer comme de simples races, cependant si distinctes l'une de l'autre à tant d'égards, le Lapin russe ou himalayen, le Lapin angora, le Lapin argenté, et le Lapin domestique ordinaire ou de clapier, auquel une sélection rigoureuse est parvenue à donner des dimensions énormes, et à produire certaines variétés fort curieuses, notamment les Lapins à longues oreilles pendantes, dont on rencontre de nombreux spécimens dans les jardins zoologiques et dans les expositions d'animaux de basse-cour.

Sans aucun doute, la sélection artificielle et le métissage ont joué un grand rôle dans la production des différentes races,mais l'action du milieu ambiant a eu, dans beaucoup de cas, une influence prépondérante. L'exemple du Lapin de Porto-Santo, cité dans ma précédente Causerie, et ceux des Lapins redevenus sauvages à la Jamaïque et aux îles Falkland en sont des preuves indéniables. En outre, ces exemples démontrent péremptoirement que les animaux soumis à de nouvelles conditions d'existence, ne conservent pas leurs caractères primitifs, et ne retournent pas forcément à leur souche originelle, comme on l'affirme trop souvent.

PORCS

« L'étude des races du Porc, dit Charles Darwin (1) a été récemment poussée plus loin que celle d'aucun autre animal domestique, grâce aux travaux remarquables de Hermann von Nathusius, principalement dans son dernier ouvrage sur les crânes des différentes races, et de Rütimeyer dans sa faune des anciennes habitations lacustres de la Suisse. Nathusius a démontré que toutes les races connues se rattachent à deux grands groupes, dont l'un descend, sans aucun doute, du Sanglier ordinaire auquel il ressemble par tous les points importants, et qu'on peut désigner sous le nom de groupe *Sus scrofa*, L. L'autre diffère du premier par plusieurs caractères ostéologiques essentiels et constants, et sa forme primitive sauvage est inconnue. Nathusius, conformément aux règles de la priorité, lui a donné le nom de *Sus indicus*, imaginé par Pallas, nom que nous

(1) *Variation*, t. I, p. 72.

conserverons, bien qu'il ne soit pas très-heureux, car la forme sauvage primitive n'habite pas l'Inde, et les races domestiques les mieux connues ont été importées du Siam et de la Chine ».

Les personnes qui ont visité avec attention les expositions porcines, et qui connaissent les différentes races européennes et asiatiques de cet animal, si différentes les unes des autres, peuvent facilement se rendre compte des variations étonnantes que la sélection artificielle. les conditions particulières d'existence, et les croisements. ont déterminé chez les deux espèces-souches, dont les races locales sont encore fort nombreuses aujourd'hui, bien qu'elles cèdent de plus en plus la place à celles qui sont perfectionnées, dans des proportions extraordinaires, par la domestication.

Une variété particulière et des plus curieuses, le Porc du Japon (*Sus pliciceps*, Gray), de couleur noire avec les pieds blancs, a une tête très-courte, un front et un groin fort larges, et de grandes oreilles charnues. Non-seulement la peau de la face est profondément sillonnée comme sur le reste du corps, mais, en outre, d'épais replis de cette peau, plus dure que celle des autres parties de l'animal, pendent autour des épaules et de la croupe, comme les plaques du Rhinocéros indien. Après une étude très-approfondie, Nathusius a positivement affirmé que le crâne de ce Porc ressemble étroitement, par tous les caractères essentiels, au crâne de la race chinoise à oreilles courtes, du type *Sus indicus*, et il le considère, pour cette raison, comme une simple variété domestique de ce dernier. Nathusius étant une autorité incontestée en cette matière, rien ne nous empêche d'admettre sa manière de voir, partagée depuis par d'autres naturalistes, et de considérer le Porc du Japon comme un exemple remarquable de variabilité, déterminée par la domestication.

Disons, en terminant, que d'après le même auteur, la race du Berkshire de 1780 était entièrement différente de celle de 1810, preuve excellente de la rapidité avec laquelle des variations peuvent se produire, sous l'influence de la sélection artificielle et de croisements nombreux et méthodiques.

CHEVAUX

La domestication du Cheval remonte à une très-haute antiquité. Les admirables travaux de Rütimeyer nous ont appris, en effet, que des restes de Chevaux domestiques avaient été retrouvés dans les habitations lacustres de la Suisse, datant de la période néolithique (âge de la pierre polie), et, sans aucun doute, l'Homme avait déjà, longtemps avant cette époque, dompté cet animal qui lui était essentiellement utile pour ses besoins journaliers.

Aujourd'hui, les races existantes sont très-nombreuses et parfois extrêmement différentes l'une de l'autre ; mais, dans l'état actuel de la science, on ne peut pas démontrer qu'elles proviennent toutes d'une même espèce. La grande majorité des naturalistes admettent cependant cette origine commune, confirmée par la similitude qu'offrent les races les plus distinctes, au point de vue de la couleur, du pommelage, et de l'apparition accidentelle de raies aux jambes et de bandes doubles ou triples à l'épaule, caractères qui semblent prouver que toutes les races actuelles descendent d'une souche primitive unique, plus ou moins rayée, et à robe isabelle, type vers lequel nos Chevaux tendent parfois à faire retour, en vertu de phénomènes ataviques.

Quoiqu'il en soit, on peut affirmer, avec une certitude presque absolue, sans se départir pour cela d'une grande prudence dans l'affirmation des faits, prudence impérieusement nécessaire à tout savant, qu'une longue sélection des qualités utiles à l'Homme a été le facteur essentiel de la formation des diverses races du Cheval.

« Voyez, dit Charles Darwin (1), le Cheval de gros trait, comme il est bien adapté au service que l'on réclame de lui : la traction de pesants fardeaux, et combien il diffère par son aspect de tous les types sauvages du genre. Le Cheval de course anglais descend, comme on le sait, d'un mélange du sang arabe, turc, et barbe ; mais la sélection, commencée et continuée avec grand soin depuis très-longtemps, en Angleterre, ainsi qu'une éducation attentive, en

(1) *Variation*. t. I, p. 60.

ont fait un animal très-différent de ses ancêtres..... Depuis une époque fort éloignée, les Arabes s'occupent avec autant d'attention que nous de la généalogie de leurs Chevaux, ce qui implique de grands soins dans l'élevage et la reproduction. En voyant ce qu'on a obtenu en Angleterre par un élevage raisonné, on peut affirmer que, dans le cours des siècles, les Arabes sont aussi arrivés à produire des effets marqués sur les qualités de leurs Chevaux. D'ailleurs, cette attention incessante donnée à l'élevage du Cheval remonte à une antiquité très-reculée, car il est question, dans la Bible, de haras destinés à l'élevage et de Chevaux importés à grand prix de divers pays. Nous pouvons donc conclure, quelle que soit l'origine des diverses races existantes, et qu'elles descendent ou non d'une ou de plusieurs souches primitives, que les conditions d'existence ont déterminé directement une somme importante de modifications, et. qu'en outre, la sélection longtemps continuée par l'Homme, sélection portant sur de légères différences individuelles, a probablement contribué pour la plus grande part au résultat obtenu ».

CHIENS

Ne voulant pas, Messieurs, abuser de votre attention, je vais citer, comme dernier exemple de la variabilité des animaux sous l'action raisonnée de l'Homme, celui des Chiens domestiques.

Relativement à l'origine des différentes races, les

avis sont très-partagés. Plusieurs naturalistes pensent qu'elles ont une souche unique et qu'elles proviennent toutes du Loup, du Chacal, ou d'une espèce éteinte et inconnue. D'autres, au nombre desquels se trouve Charles Darwin, admettent que toutes les races descendent de plusieurs espèces éteintes et actuelles, plus ou moins confondues, opinion généralement adoptée aujourd'hui. D'autres enfin, très-peu nombreux il est vrai, vont jusqu'à soutenir l'hypothèse extrêmement improbable que chaque race principale a dû avoir son prototype sauvage. En présence de ces opinions divergentes, la prudence scientifique m'oblige à ne formuler aucune conclusion.

D'ailleurs, que les diverses races de Chiens domestiques aient une souche unique ou une origine multiple, il n'en est pas moins vrai que cet animal, déjà domestiqué en Europe dès la période néolithique, a subi, depuis cette époque, des modifications profondes dues à l'action du milieu ambiant, à des croisements fréquents et raisonnés, à l'utilisation ou à la non-utilisation de certains organes, et, surtout, à une sélection artificielle continue de légères variations individuelles, physiques ou morales, ou de particularités monstrueuses apparaissant subitement et rigoureusement transmissibles par hérédité, comme la forme du corps et des pattes chez les Bassets de l'Europe et de l'Inde, la forme si caractéristique de la tête et de la mâchoire inférieure du

Boule-Dogue et du Carlin, très-différents par tous les autres détails de leur organisation ; etc.

Dans la plupart des cas, les modifications s'opèrent trop lentement chez les Chiens domestiques pour être appréciables dans un temps limité. Néanmoins, la science possède quelques exemples de changements plus ou moins rapides, témoignages excellents et indéniables de variabilité chez le Chien domestique. Je terminerai ce court paragraphe, consacré à cet animal, par l'énumération de plusieurs d'entre eux ; les limites étroites de cette Causerie me forçant d'arriver le plus tôt possible aux conclusions générales :

Le naturaliste Lawrence, qui a fait une étude historique approfondie du Chien employé à la chasse au Renard, écrivait, en 1829, qu'environ quatre-vingts à quatre-vingt-dix ans auparavant, les éleveurs étaient parvenus à obtenir pour cette chasse, peut-être à l'aide de croisements avec le Lévrier, un Chien tout nouveau, en réduisant les oreilles de l'ancien type, en allégeant ses os et sa masse, en allongeant son corps, et en élevant un peu sa taille. Youatt conclut de la comparaison d'un ancien dessin d'Epagneuls King Charles avec la race actuelle, que cette dernière a été altérée à son désavantage : le museau s'est raccourci, le front est devenu plus saillant et les yeux plus grands. D'après G. R. Jesse, le Boule-Dogue est une variété de Dogue obtenue depuis l'époque de Shakespeare, mais qui existait certainement en

1631, ainsi que le prouvent les lettres de Prestwick Eaton. Le Terre-Neuve, importé sans nul doute de l'île de Terre-Neuve en Angleterre, est actuellement modifié dans de telles proportions qu'il ne ressemble à aucun des Chiens existant aujourd'hui dans cette grande île américaine ; etc., etc.

RÉSUMÉ GÉNÉRAL DE LA VARIABILITÉ DES PLANTES ET DES ANIMAUX A L'ÉTAT DOMESTIQUE.

Les différents faits que nous venons d'énumérer peuvent être résumés dans la phrase suivante : A l'état domestique, les espèces végétales et animales sont susceptibles de se modifier dans des proportions parfois considérables, et d'une manière beaucoup plus rapide qu'à l'état de nature. La variation des plantes et des animaux par la domestication, c'est-à-dire par l'influence des conditions spéciales d'existence, par des croisements, et surtout par l'action continue, raisonnée, systématique de la sélection artificielle, vient donc fournir la preuve expérimentale de la grande variabilité de l'espèce.

Supposons un instant que l'on choisisse, parmi les races et les variétés domestiques ayant une souche commune, celles qui sont bien distinctes et qui reproduisent exactement leur type, pour les disséminer dans les bois et les champs d'un pays quelconque. Il est certain que la plupart des naturalistes, reconnaissant entre ces races et ces variétés, dont l'origine leur serait inconnue, des caractères parfois beaucoup plus importants que ceux qu'ils emploient dans la distinction des espèces, établiraient pour elles de nouveaux noms spécifiques et même génériques, tombant ainsi dans une erreur manifeste, puisque l'observation et l'expérience ont démontré, avec certitude, la communauté d'origine de ces races et de ces variétés. Cette erreur a été commise très-fréquemment chez les plantes et les animaux à l'état sauvage, donnant lieu à d'interminables et stériles discussions entre les naturalistes, qui considèrent une forme végétale ou animale, tantôt comme une véritable espèce, tantôt comme une simple race ou variété ; discussions prouvant, d'une façon évidente, que l'espèce n'est pas fixe et qu'elle n'est pas une réalité objective.

Le but de cette Causerie étant de faire connaître, d'une manière nécessairement très-superficielle, la variabilité des plantes cultivées et des animaux domestiques, je n'ai dû citer que les exemples principaux, mais je ne saurais trop engager ceux qui désireraient approfondir ces intéressantes questions, à consulter les nombreux travaux relatifs à ce sujet, et, notamment, le magistral ouvrage de Charles Darwin sur la *Variation des animaux et des plantes à l'état domestique.* Dans cet ouvrage, on peut facilement apprécier la quantité prodigieuse des races et des variétés produites par l'Homme, et, ce qui est plus important encore au point de vue transformiste, l'étendue de ces variations et les différences considérables qui existent entre les formes les plus éloignées, différences dont je ne puis parler ici, en raison même de l'examen approfondi qu'elles réclament.

Sans doute, plusieurs personnes me reprocheront encore aujourd'hui, comme elles l'ont fait pour ma précédente Causerie, d'avoir écrit des chapitres trop écourtés et d'une lecture fatigante. Pouvais-je agir autrement ? Je ne le pense pas. Ceux qui ont traité de semblables sujets savent, par expérience, qu'il est toujours difficile d'être bref sans être aride, et que dans les travaux où la concision est forcée, l'étude et la réflexion doivent se joindre à la lecture. Néanmoins, j'ai l'espoir que ces différents chapitres, tout écourtés qu'ils soient, suffiront à démontrer que, sous l'influence de la sélection exercée par l'Homme, les plantes et les animaux varient dans des limites plus ou moins étendues, et, en général, dans des temps assez restreints.

Examinons maintenant, aussi brièvement que possible, les principaux modes de la sélection produite par l'action raisonnée de l'Homme, c'est-à-dire de la sélection artificielle.

Sélection méthodique

La *sélection méthodique* est celle qui a pour but de modifier un animal ou une plante d'après un type déterminé à l'avance, en choisissant méthodiquement, pour reproducteurs, les individus possédant à un plus haut degré que les autres la forme ou les qualités requises. Ainsi, pour en citer un seul exemple, l'éleveur qui cherche à produire une race de Moutons à cornes courtes prendra,comme reproducteurs, les Moutons possédant les cornes les plus courtes, que ces individus soient grands ou petits, beaux ou laids, robustes ou délicats, et il continuera cette sélection rigoureuse pendant un grand nombre de générations, jusqu'à ce qu'il soit parvenu à la réalisation du type désiré. — On comprend facilement que ce mode de sélection est le meilleur et le plus rapide pour la production d'une race ou d'une variété présentant les caractères spéciaux que l'on veut obtenir.

Sélection non-méthodique.

La *sélection non-méthodique*, au contraire, est celle qui consiste à propager les individus les plus estimés ou les plus beaux, en détruisant ou en négligeant les autres, sans aucune intention de modifier l'animal ou la plante. Ainsi, celui qui achète des Chiens de chasse tâche, naturellement, de se procurer les meilleurs et choisit, pour la reproduction, ceux qui chassent le mieux, sans avoir nullement l'intention de modifier la race ou la variété. Néanmoins, cette sélection, continuée pendant des siècles, finit par modifier les caractères de l'animal ou de la plante dans des proportions très-sensibles.

En réalité, ces deux genres de sélection artificielle sont peu distincts l'un de l'autre et parfois difficiles à distinguer. Dans le premier, l'Homme agit avec méthode et dans le second sans méthode, fait qui constitue à lui seul toute la différence.

Le point de départ de la sélection artificielle, méthodique ou non-méthodique, est absolument le même que celui de la sélection naturelle : c'est la variabilité individuelle. La nature produit les variations à l'infini, et l'Homme fait développer celles qui lui sont utiles ou agréables. Grâce à cette sélection consciente, il a obtenu des résultats surprenants et augmenté, dans des proportions considérables, les particularités dont il pouvait tirer un avantage quelconque, que ce soient les racines, les bulbes, les tubercules, les tiges, les feuilles, les fleurs, les fruits, les graines, etc., chez les plantes cultivées, ou la forme, la taille, la couleur, la force, l'agilité, l'instinct, etc., chez les animaux domestiques. En résumé, le fait que ce sont les particularités les plus estimées par l'Homme qui, chez les plantes et les animaux domestiques, présentent les plus grandes modifications, est une des meilleures preuves de l'action puissante de la sélection artificielle, méthodique et non-méthodique.

La sélection artificielle agit d'une manière rapide

et produit, pour cette raison, des résultats facilement appréciables, car, dans le triage qu'il opère, l'Homme ne laisse rien au hasard et place toujours les plantes et les animaux dans des conditions éminemment favorables à l'accentuation des particularités qu'il veut développer ; toutefois, les formes que la sélection artificielle détermine sont généralement moins stables que les formes naturelles, et, par cela même, plus sujettes à des phénomènes d'atavisme. Par contre, la sélection naturelle ne s'effectue que très-lentement et nécessite presque toujours des temps énormes, des milliers d'années, pour déterminer des variations sensibles ; mais, en revanche, les nouvelles formes qu'elle produit sont beaucoup plus constantes, en vertu d'une loi physiologique qui nous apprend qu'une particularité, qu'un caractère, est d'autant plus permanent, d'autant plus fixe, qu'il s'est transmis à un plus grand nombre de générations successives. La sélection artificielle diffère donc surtout de la sélection naturelle par l'origine et la rapidité de son processus, et, comme conséquence inévitable, par la moins grande fixité de ses productions. Il convient d'ajouter que la sélection de la nature intervient parfois dans la sélection artificielle, et qu'en développant tel ou tel caractère qui lui est utile, l'Homme détermine également des modifications corrélatives chez les autres parties de l'organisme, qui toutes ont entre elles des rapports, des corrélations plus ou moins intimes.

En définitive, la sélection artificielle, dont l'importance pratique est considérable, a produit de très-grands résultats dans le règne animal et le règne végétal, en faisant développer, pour ainsi dire à l'infini, les variations spontanées utiles à l'Homme; et elle en produira peut-être de plus grands encore lorsque les agriculteurs et les horticulteurs connaîtront à fond les lois de l'hérédité et de la variabilité, l'action si puissante du milieu ambiant, et quand ils emploieront, avec toute la rigueur désirable, la méthode de la sélection et des croisements. De plus, la sélection artificielle a fourni des arguments d'une très-haute valeur à la doctrine transformiste, en prouvant expérimentalement l'extrême variabilité de l'espèce, variabilité produite dans des temps dont nous pouvons généralement apprécier la durée.

Avant d'abandonner la sélection exercée par l'Homme sur les plantes cultivées et les animaux domestiques, je crois utile de reproduire ici les lignes suivantes, dues à la plume de Charles Darwin, et qui répondent à une question d'un très-grand intérêt.

« On a souvent prétendu, dit cet immortel naturaliste (1), que pour les réduire en domesticité, l'Homme a choisi les animaux et les plantes qui présentaient une tendance inhérente exceptionnelle

---

(1) Charles Darwin. — *L'Origine des Espèces*, traduit sur l'édition anglaise définitive par Ed. Barbier. Paris, C. Reinwald, 1882, p. 18.

à la variation, et qui avaient la faculté de supporter les climats les plus différents. Je ne conteste pas que ces aptitudes aient beaucoup ajouté à la valeur de la plupart de nos produits domestiques ; mais comment un sauvage pouvait-il savoir, alors qu'il apprivoisait un animal, si cet animal était susceptible de varier dans les générations futures et de supporter les changements de climat ? Est-ce que la faible variabilité de l'Ane et de l'Oie, le peu de disposition du Renne pour la chaleur ou du Chameau pour le froid, ont empêché leur domestication ? Je suis persuadé que si l'on prenait à l'état sauvage des animaux et des plantes, en nombre égal à celui de nos produits domestiques et appartenant à un aussi grand nombre de classes et de pays, et qu'on les fit se reproduire à l'état domestique, pendant un nombre pareil de générations, ils varieraient autant en moyenne qu'ont varié les espèces mères de nos races domestiques actuelles ».

Les dernières lignes de ce paragraphe ne renferment-elles pas, Messieurs, un vaste programme à remplir par nos successeurs, celui de l'acclimatation et de la domestication de nouvelles plantes et de nouveaux animaux ?

Sélection militaire.

Si l'Homme exerce sans cesse sur les animaux domestiques et les plantes cultivées une sélection des plus fécondes en résultats utiles, il n'agit malheureusement pas de même sur sa propre espèce, et en vue de satisfaire des intérêts presque toujours étrangers au bonheur des nations, il opère sur ses semblables une sélection artificielle véritablement à rebours, désignée par Haeckel sous le nom de *sélection militaire*.

Pour former les armées permanentes, instruments des guerres futures, l'autorité militaire soumet les Hommes à une sélection des plus minutieuses, appelant sous les drapeaux les individus sains, vigoureux et bien constitués, les condamnant au célibat lorsqu'ils sont dans la force de l'âge, et confiant ainsi la reproduction de l'espèce aux individus débiles, malades, ou d'une organisation vicieuse. Par cette sélection, les peuples, s'ils suivent toujours les errements du passé, arriveront lentement, mais d'une manière certaine, à l'abâtardissement de l'humanité.

« Malheureusement, dit Haeckel (1), à notre époque plus que jamais, le militarisme joue le premier rôle dans ce qu'on appelle la civilisation ; le plus clair de la force et de la richesse des Etats civilisés les plus prospères est gaspillé pour porter ce militarisme à son plus haut degré de perfection..... Et cela se passe ainsi chez des peuples qui se prétendent les représentants les plus distingués de la plus

(1) Ernest Haeckel. — *Histoire de la création naturelle ou doctrine scientifique de l'évolution*, traduit de l'allemand par le Dr Ch. Letourneau, et revu sur la septième édition allemande. Paris, C. Reinwald, 3e édit., 1884, p. 125.

haute culture intellectuelle, qui se croient à la tête de la civilisation ! On sait que pour grossir le plus possible les armées permanentes, on choisit, par une rigoureuse conscription, tous les jeunes Hommes sains et robustes. Plus un jeune Homme est vigoureux, bien portant, normalement constitué, plus il a de chances d'être tué par les fusils à aiguille, les canons rayés et autres engins civilisateurs de la même espèce. Au contraire, tous les jeunes gens malades, débiles, affectés de vices corporels, sont dédaignés par la sélection militaire ; ils restent chez eux en temps de guerre, se marient et se reproduisent. Plus un jeune Homme est infirme, faible, étiolé, plus il a de chances d'échapper au recrutement et de fonder une famille. Tandis que la fleur de la jeunesse perd son sang et sa vie sur les champs de bataille, le rebut dédaigné, bénéficiant de son incapacité, peut se reproduire et transmettre à ses descendants toutes ses faiblesses et toutes ses infirmités. Mais, en vertu des lois qui régissent l'hérédité, il résulte nécessairement de cette manière de procéder que les débilités corporelles et les débilités intellectuelles, qui en sont inséparables, doivent non-seulement se multiplier, mais encore s'aggraver. Par ce genre de sélection artificielle et par d'autres encore s'explique suffisamment le fait navrant mais réel que, dans nos Etats civilisés, la faiblesse de corps et de caractère soit en voie d'accroissement, et que l'alliance d'un esprit libre, indépendant, à un corps sain et robuste devienne de plus en plus rare ».

Ce tableau désolant n'est hélas que trop vrai. Chacun constate, chacun déplore les désastreuses conséquences de la sélection militaire, mais l'on sourit volontiers si quelqu'un vient à parler de l'abolition de la guerre, cette honte pour l'humanité, traitant une telle idée de chimère et d'utopie. Cependant, l'utopie de la veille est devenue souvent la réalité du lendemain, et lorsqu'il s'agit de prétendues chimères qui n'ont, en fait, rien d'impossible, rien d'irréalisable, et sur lesquelles repose le bonheur des nations, c'est un devoir sacré de nous en préoccuper constamment. Sans nul doute, il faudra des siècles pour obtenir l'abolition des guerres ; il faudra que les haines dynastiques et religieuses soient éteintes par la suppression des causes qui les font naitre ; il faudra que les Hommes, plus éclairés et plus sages, n'excitent pas leurs semblables, sous le prétexte d'un patriotisme barbare, à se massacrer et à s'entre-égorger sans pitié. Pour la plupart, malheureusement, le patriotisme consiste à aimer son pays et à détester tous les autres. Le véritable patriotisme, à mon sens, c'est d'aimer son pays plus que les autres, et il me paraît évident que ce dernier est le plus rationnel et le plus humain.

Laissez-moi, Messieurs, espérer que ce progrès se réalisera un jour, hélas bien lointain encore, et que la sélection militaire ne sera plus qu'à l'état de souvenir chez les nations futures, intelligentes et libres, qui comprendront que leur devoir, comme leur intérêt, est de s'estimer et de s'unir, au lieu de se détester et de se combattre.

Sélection humaine.

Pour contre-balancer les funestes résultats de la sélection militaire et mettre un obstacle à la dégénérescence de l'humanité, il serait nécessaire que l'Homme confiât la reproduction de l'espèce aux individus bien constitués et intelligents, à ceux qui sont les plus parfaits au point de vue physique et moral ; en d'autres termes, qu'il exerçât une sélection artificielle particulière, à laquelle je crois pouvoir donner le nom général de *sélection humaine*.

Cette sélection a eu lieu dans l'antiquité. Ainsi, pour en citer quelques exemples, rappelons qu'à Sparte, en vertu d'une loi spéciale, on examinait chaque enfant aussitôt après sa naissance, et qu'on précipitait dans les gouffres du mont Taygète tous ceux qui étaient faibles, débiles ou infirmes, pour ne laisser vivre et se reproduire que les individus parfaitement sains, vigoureux et normalement constitués. « Par ce moyen, dit Haeckel (1), non-seulement la race spartiate se maintenait dans un état exceptionnel de force et de vigueur, mais encore, à chaque génération, elle gagnait en perfection corporelle.

---

(1). *Op. cit.*, p. 124.

Sûrement, c'est à cette sélection artificielle que le peuple de Sparte dut ce haut degré de force virile et de rude vertu héroïque, par lequel il s'est signalé dans l'histoire de l'antiquité ».

A l'exception de Thèbes, dans toute la Grèce antique, le père de famille avait le droit de tuer ses enfants, nouveau-nés, s'ils étaient chétifs ou mal conformés, et même s'il n'avait pas le moyen de les nourrir, coutume approuvée par Platon et par Sénèque. Plusieurs philosophes de l'antiquité voulaient que l'on soumît les Hommes à une sélection rigoureuse, à une sélection physico-morale, dans le but de l'amélioration de l'espèce. Théognis de Mégare, qui vécut de 540 à 470 avant J.-C., proposait même d'instituer une véritable anthropotechnie, et recommandait que l'on fît, dans les alliances, un choix minutieux de l'homme et de la femme en vue de la procréation (1).

Aujourd'hui encore, beaucoup de tribus d'Indiens Peaux-rouges de l'Amérique du Nord choisissent avec le plus grand soin les enfants bien constitués et tuent tous ceux qui sont chétifs et mal conformés. Cette sélection est également en vigueur chez diverses tribus indiennes de l'Amérique du Sud, et comme on l'a continuée pendant une longue suite de générations, elle a produit des peuplades très-robustes, énergiques et courageuses (1).

(1). Arthur Vianna de Lima. — *Exposé sommaire des théories transformistes de Lamarck, Darwin et Haeckel.* Paris, Ch. Delagrave, 1886, p. 251.

Chez les nations civilisées, à notre époque, la sélection humaine est devenue à jamais impossible, car tous les individus ayant les mêmes devoirs envers la Société dont ils font partie, doivent avoir les mêmes droits, et, conséquemment, le premier de tous : le droit de vivre. Cependant, les peuples qui marchent à la tête du progrès et de la civilisation pratiquent encore, dans une limite extrêmement restreinte il est vrai, une sélection morale des plus utiles au moyen de la peine de mort. Non-seulement la Société a le droit, mais elle a aussi le devoir de faire disparaître de son sein ceux de ses membres qui sont indignes et dangereux. En supprimant les criminels conscients et endurcis, elle fait acte de justice et de sagesse, car elle punit l'attentat le plus odieux à la liberté individuelle,et elle ôte au rebut de la Société le moyen de transmettre par hérédité, à d'autres générations, ses funestes instincts.

Bien que la sélection humaine soit impossible à exercer dans une nation civilisée, il n'en est pas moins vrai que la suppression de la sélection militaire, et les progrès de la chirurgie et de la médecine, arrivées aujourd'hui à guérir les lésions de l'organisme et des maladies réputées jadis incurables, conduiront plus tard l'espèce humaine à un progrès considérable.

Je n'insiste pas davantage sur ces graves problèmes, n'ayant, en aucune façon, à parler ici de questions politiques et sociales, mais je ne pouvais passer sous silence les principaux modes de la sélection artificielle que l'Homme exerce sur ses semblables.

Transformisme expérimental.

Jusqu'à notre époque, les recherches expérimentales de science pure ont été fort négligées. Seules l'observation des faits et leur description absorbaient les naturalistes, et si les animaux domestiques et les plantes cultivées ont subi des modifications considérables et avantageuses, grâce à la méthode expérimentale, c'est uniquement parce que l'Homme y trouvait son utilité ou son agrément. A plus forte raison, les expériences faites en vue d'attaquer ou de défendre la doctrine transformiste, qui n'a pris rang dans la science, d'une manière définitive, que par la publication des ouvrages de Charles Darwin, sont-elles aujourd'hui en nombre très-restreint. Mais, depuis quelques années, les savants se livrent de plus en plus à l'expérimentation, et il n'est pas douteux, qu'au siècle prochain, de nouvelles preuves ainsi obtenues renverseront à jamais le vieux dogme de la fixité des espèces, pour y substituer le transformisme.

Ne voulant point dépasser le but et le cadre de cette Causerie, je citerai seulement quelques-unes de ces recherches expérimentales dont l'étude et l'appréciation, même très-succintes, m'entraîneraient dans des détails longs et fastidieux pour les personnes qui ne font pas des sciences naturelles leur unique occupation.

Au premier rang, nous devons placer les mémorables travaux auxquels Charles Darwin a consacré la plus grande partie de sa laborieuse existence, travaux qui constituent à eux seuls la base du transformisme expérimental. Dans cette voie, Charles Darwin avait eu de nombreux précurseurs. Au commencement du dix-septième siècle, le célèbre philosophe anglais, François Bacon, parlait déjà, dans sa *Nouvelle Atlantide*, de ménageries consacrées uniquement à l'expérimentation zoologique, où l'on s'occupe de faire varier les animaux. Plus tard, le grand Buffon, dont les idées générales étaient essentiellement transformistes, avait entrepris une série d'expériences sur l'hybridation, pour démontrer que des espèces différentes peuvent se reproduire entre elles et donner naissance à une progéniture féconde, et avait obtenu quatre générations successives d'hybrides provenant d'un Chien braque et d'une Louve. Des expériences analogues, couronnées d'un même succès, ont été faites depuis par Isidore Geoffroy-Saint-Hilaire et par Flourens sur le Chacal et le Chien.

Non-seulement le métissage et l'hybridation furent le sujet de nombreuses recherches, mais, dans ces dernières années, les naturalistes se sont occupés activement de l'influence de l'alimentation, de la température, de la lumière, etc., c'est-à-dire de toutes les conditions particulières du milieu ambiant sur la variation des animaux et des plantes. Je citerai à ce sujet les beaux travaux d'Emile Yung, de Genève, relatifs à l'influence des variations du milieu physico-chimique sur le développement des animaux aquatiques ; les intéressantes recherches de Bieger, de Gauckler et du Dr A. Speyer, concernant l'action de la nourriture sur la forme et la couleur des chenilles et des Lépidoptères qu'elles produisent ; les curieuses expériences de G. Dorfmeister et de mon excellent Collègue de Rouen, M. H. Lhotte, sur l'influence de la température et de la durée de la nymphose dans la production des variétés de Lépidoptères ; etc., etc.

En botanique, nous possédons également de remarquables travaux entrepris en vue du transformisme, tels que ceux de Joseph Decaisne sur l'origine des Poires cultivées, de Charles Naudin sur l'hybridité végétale, de Charles Darwin sur certaines plantes cultivées, etc.; les belles recherches de Costantin relatives à l'action des différents milieux sur l'organisation des végétaux ; les nombreuses expériences des botanistes sur l'influence du sol, de la température, de la lumière, etc., dans la germination des graines et le développement des plantes ; etc., etc.

L'expérimentation, je tiens à le répéter encore, est l'avenir de la science. On ne saurait donc trop encourager les naturalistes à entrer résolument dans cette voie, qui a déjà conduit à d'admirables découvertes et qui, sans nul doute, sera toujours des plus fécondes en résultats utiles. Mais, pour obtenir ces résultats et continuer des expériences longues et coûteuses, il ne faudra négliger aucun moyen. « Les ménageries, les jardins zoologiques et d'acclimatation, dit Carl Vogt (1), devront se transformer nécessairement en laboratoires zoologiques dans lesquels des observations et des expériences, entreprises dans un but déterminé, pourront être continuées sans interruption pendant des séries d'années.

« Certes, ajoute cet illustre naturaliste, je ne dédaigne point les observations recueillies jusqu'à présent sur la vie et la manière d'être d'une foule d'animaux, que l'on ne connaissait jadis que par leur pelage et leurs os. Je ne veux pas non plus médire des efforts que l'on a faits jusqu'à présent pour acclimater certains animaux utiles ou agréables. Nos connaissances ont été augmentées, nos basses-cours peuplées, nos parcs embellis, et le goût des études d'histoire naturelle a été partout répandu. Mais tout cela suffit aussi peu aux exigences de la science actuelle, que les observations isolées en météorologie n'ont suffi pour établir les lois qui régissent l'atmosphère terrestre. Il a fallu, pour arriver à des résultats, créer des points d'observation multiples, im-

(1) Carl Vogt. — Préface de l'ouvrage de Charles Darwin sur la *Variation des animaux et des plantes à l'état domestique*, t. I, p. X.

poser des règles uniformes pour servir de guides, pendant des séries d'années, aux observateurs qui se succèdent. Il faudra procéder de même pour les études zoologiques, établir des séries d'observations, se concerter pour un plan général à suivre dans les différents établissements, et continuer ces observations avec obstination..... Aux établissements déjà existants, qui ne peuvent s'occuper en général que d'Oiseaux et de Mammifères, aux aquariums, encore si rares aujourd'hui, il faudrait en ajouter d'autres destinés aux autres classes : ceux-ci, sur la terre ferme, aux Insectes, ceux-là, au bord de la mer, aux types si intéressants que recèle l'Océan ». Ce dernier vœu de Carl Vogt est réalisé aujourd'hui par la construction de laboratoires de zoologie maritime sur les côtes de la Manche, de l'Océan et de la Méditerranée, laboratoires qui rendent sans cesse aux études scientifiques des services inappréciables.

L'expérimentation a encore un but plus élevé, celui de faire connaître de mieux en mieux les forces naturelles, les forces physico-chimiques qui nous régissent, et que nous pourrons utiliser ou combattre d'une manière plus efficace, lorsque nous les aurons plus complètement étudiées. « Sachons bien, a dit un éminent physiologiste, le Dr Camille Dareste (1),

(1) Camille Dareste. — *Recherches sur la production artificielle des Monstruosités ou Essais de Tératogénie expérimentale*. Paris, C. Reinwald et Cie, 1877, p. 40.

qu'il est au pouvoir de la science expérimentale de produire artificiellement tous les phénomènes qui sont ou peuvent être produits par l'action de causes naturelles. Tandis que l'observation ne donne que la connaissance des réalités actuelles, l'expérimentation, grâce à sa puissance créatrice, réalise tout ce qui est possible ; elle ouvre ainsi une carrière sans limite. De plus, elle met l'expérimentateur en présence des causes réelles des phénomènes, puisqu'il ne peut les faire apparaître que par l'emploi de ces causes, et elle le conduit à la véritable science, si bien définie par François Bacon dans cette parole célèbre : *Vere scire est per causas scire* (1) ».

La science, cette grande bienfaitrice de l'humanité, a pris, dans notre siècle, un essor incomparable. Grâce à elle, les préjugés et l'erreur disparaissent peu à peu devant la vérité triomphante, et un jour viendra, prochain je l'espère, où les peuples civilisés auront comme devise : « Par la science pour l'humanité ».

(1) François Bacon. — *Novum organum*, lib. II. aph. 2.

Elbeuf. — Imp. Allain et Legler, 3, rue Saint-Jacques.

ELBEUF

IMPRIMERIE ALLAIN & LECLER

3, rue Saint-Jacques, 3

1886

www.ingramcontent.com/pod-product-compliance
Lightning Source LLC
LaVergne TN
LVHW011953160826
845678LV00002B/514

* 9 7 8 2 3 2 9 6 7 9 6 5 5 *